U0196387

图书在版编目（CIP）数据

古猿站起来 / 王瑜著 . -- 上海：少年儿童出版社，
2024. 11. -- （多样的生命世界）. -- ISBN 978-7-5589-
1983-1

Ⅰ . Q981.3-49

中国国家版本馆 CIP 数据核字第 2024DE2302 号

多样的生命世界·萌动自然系列 ⑩

古猿站起来

王 瑜 著
萌伢图文设计工作室 装帧设计
黄 静 封面设计

策划 王霞梅 谢瑛华

责任编辑 邱 平 美术编辑 施喆菁
责任校对 陶立新 技术编辑 陈钦春

出版发行 上海少年儿童出版社有限公司
地址 上海市闵行区号景路 159 弄 B 座 5-6 层 邮编 201101
印刷 上海雅昌艺术印刷有限公司
开本 787×1092 1/16 印张 2.5 字数 9 千字
2025 年 1 月第 1 版 2025 年 1 月第 1 次印刷
ISBN 978-7-5589-1983-1/N·1306
定价 42.00 元

本书出版后 3 年内赠送数字资源服务

上海科普
Shanghai Science
Popularization
上海市科委科普项目资助
（项目编号：23DZ2302700）

多样的生命世界 ◎ 萌动自然系列 ⑩

古猿站起来

◎ 王 瑜 / 著

我是动动蛙，欢迎你来到"多样的生命世界"。现在，就随我去看看古猿是怎样进化成人类的吧！

密码：dydsmsj#1gystand

少年儿童出版社

灭绝与发展

　　从距今约 5.4 亿年的寒武纪生命大爆发开始，地球上的生物经历了许多次大发展和大灭绝，每一次大发展都使得地球上的生物欣欣向荣，每一次大灭绝又都造成许多生物类群消亡。即便是曾经遍布海洋的三叶虫，或者是强盛无比的陆地霸主恐龙，也难以逃避这样的"灭门之灾"。

　　不过，生命发展的步伐并没有停止。每一次生物大灭绝，既是自然环境对生物的一次存亡选择，又为后来的生物演化开启了一条新的道路。

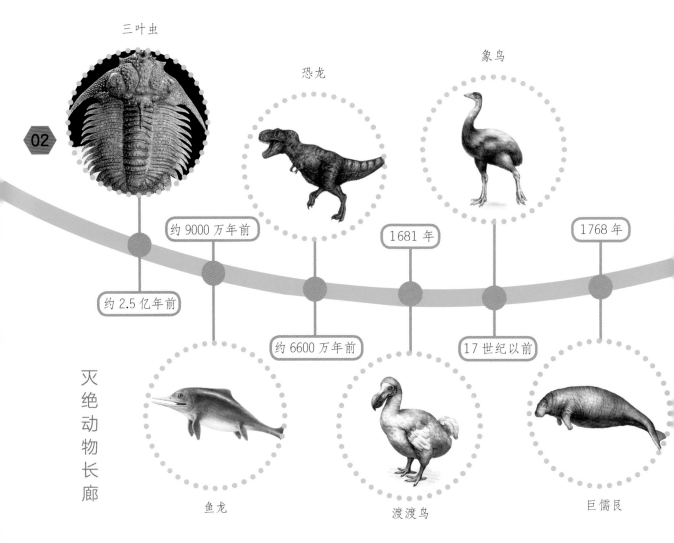

三叶虫

恐龙

象鸟

约 9000 万年前

1681 年

1768 年

约 2.5 亿年前

约 6600 万年前

17 世纪以前

灭绝动物长廊

鱼龙

渡渡鸟

巨儒艮

逝去的生命

但愿我们蛙类能一直活下去！

我们生活的地球上，现在有 150 多万种动物，约 40 万种植物。而在地球上曾经存活过的动物、植物，总数可能多达数十亿种，但其中超过 90% 的生物已经在不同的时期灭绝了。尤其是近几百年来，人类活动大大加快了野生动植物灭绝的速度。

让我们一起来看一看那些永远消失在历史长河中的动物们吧！

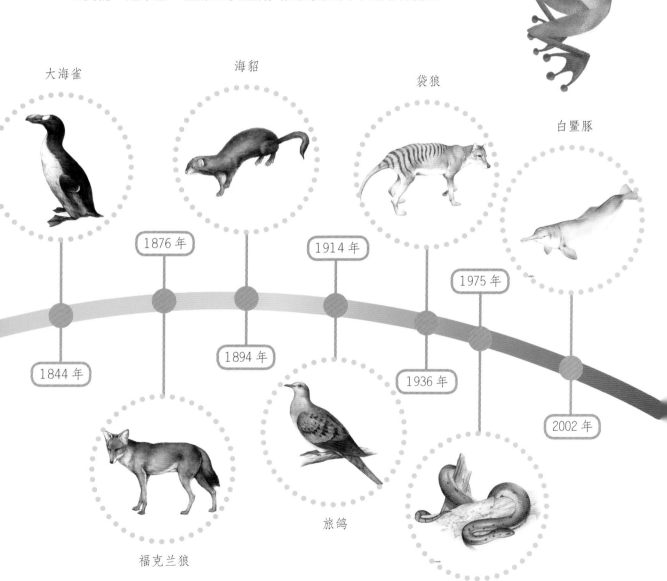

大海雀

海貂

袋狼

白鱀豚

1876 年

1914 年

1975 年

1844 年

1894 年

1936 年

2002 年

福克兰狼

旅鸽

雷蛇

中生代到新生代

　　历史上地球发生过 5 次影响巨大的生物集群灭绝，距今最近的一次，就是发生在大约 6500 万年前的白垩纪末生物大灭绝。曾经繁盛无比、长期称霸地球的恐龙彻底灭绝，中生代也就此终结。

　　生命演化的时间轴从中生代穿梭到了新生代，地球环境和生态系统发生了巨大改变。被子植物及哺乳动物逐渐发展起来，并获得了空前的繁盛。

和恐龙共存

胆子太大了，连恐龙也敢惹！

　　其实，哺乳动物的出现并不比恐龙晚，只是恐龙在整个中生代占据了强势地位，使得哺乳动物显得势单力薄，不太显眼。

　　在中国辽宁西部的义县发现的辽西古兽生活在距今约 1.4 亿年前，这些原始的哺乳动物可能是后来的真兽类动物的祖先，有的甚至已具备了捕杀小型恐龙的能力。

热河兽

张和兽

爬兽

看视频，
认识一下
古兽吧！

哺乳动物崛起

当白垩纪末的灾难来临时，恐龙被逼入绝境并最终消亡，而一些体形更小、繁殖速度更快、适应能力更强的哺乳动物和其他小型动物却幸存了下来。

随着地球生态环境不断变化，特别是被子植物变得更加茂盛，为古老类型的哺乳动物发展提供了充足的食物和有利的生活环境。哺乳动物进入了迅速繁殖的时代，陆地上、天空中、水域里，到处都有哺乳动物的身影；食虫类、啮齿类、奇蹄类、偶蹄类、食肉类和原始灵长类等动物纷纷出现并演化更替。

始新世环境复原

山旺生物群发现于山东临朐山旺硅藻土层，距今约 1800 万年，包括大量保存完整的藻类和各种动物化石，其中哺乳类动物多达 25 种。

中华近松鼠

近无角犀

山旺鼠

三角原古鹿

柄杯鹿

半岛猪兽

半熊

犬熊

和政生物群发现于甘肃和政地区，可分为四个不同地层的生物群，距今3000万~200万年，包括以巨犀、铲齿象、三趾马、真马为代表的几十种不同时期和类型的哺乳动物类群。

铲齿象

巨犀

埃氏马

披毛犀

库班猪

三趾马

适者生存

从距今大约 38 亿年地球上出现最早的、最简单的生命算起，已出现过的生物绝大多数都已灭绝。只有少部分躲过了灾难，适应了新环境。它们不但生存了下来，还不断演化，成为了后来丰富多样的生物的祖先。

生活在距今约 5500 万年前的始祖马，体型只有现在的狐狸般大小，却是后来所有马类最早的祖先。

迷你古猴

那么，我们人类的祖先又是从哪里来的呢？

人类在生物学上属于哺乳动物纲灵长目人科。在所有哺乳动物中，灵长类很早就同其他类群分化了。迄今发现的最早的灵长类动物化石之一，距今约 5500 万年。它的体形非常小，体重还不到 30 克，堪称"迷你猴"。尽管如此，这些早期的灵长类动物已经开始逐步演化、分支，有的向猴类发展，有的形成了猿类，猿类中一部分最终进化成了人类。

比我的个头还要小得多吗？

猴与猿有什么不同吗？

简单地说，猴和猿最明显的区别就是，猴通常有一条长长的尾巴，而猿没有尾巴。大多数猴都生活在树上，长长的尾巴成为它们攀援、腾跃的"第五只手"。而现生的猿包括黑猩猩、猩猩、大猩猩和长臂猿，它们常常在地面活动，而且都能直立行走。

人类近亲

　　猿是所有灵长类动物中和人最接近的，所以常常又被称为"类人猿"。猿的身体结构和外形都与人相似，例如：大脑发达；前肢短，后肢长而粗壮；四肢上都长有五个指或趾，而且有指（趾）甲；拇指可以灵活地与其他四指配合做出抓握的动作，甚至能使用简单的工具。还有，它们的脸部表情也和人相似呢！

　　科学研究表明，猿和猴的差异，比猿和人的差异更大，说明猿类确实是人类的近亲。

花烛

达尔文

1859 年前后，英国博物学家达尔文提出一个令当时的人们大为震惊的观点：人是从猿进化而来的！

经过 100 多年来的科学研究和化石发掘的积累，大量事实证明了达尔文的理论是正确的：最早的人类可能是在距今 700 万至 600 万年前逐渐与古猿类分化，从那以后，两者走上了不同的演化道路。

11

猿还能变成人吗

长臂猿

从猿到人，这个"猿"可不是指现生的类人猿，而是指远古时期的猿类。那么，现在的类人猿还有可能经过长时间的演化，再变成人吗？

其实，现生的猿类都是经过几百万年演化过程才成为今天的模样的。它们的特征通过无数代的遗传，逐步保留下来，已经无法回到当初。所以，现生的猿类不可能像人类那样直立行走，也不会像人类那样有一双灵巧的手来抓握或做更精细的动作，更不可能达到人类那样发达的脑容量。

猩猩　　　大猩猩

黑猩猩

古猿下树

发现南方古猿

南方古猿可能是最早下树的古猿。大约 100 年前，在非洲最南部的南非一个矿场里，首次发现了南方古猿头骨化石。这种古猿的化石不仅前所未见，而且其特征表明，南方古猿可能已经会直立行走，所以研究者将其归属为灵长目人科。

露西

　　1974 年，在埃塞俄比亚阿法尔三角洲发现的南方古猿化石，被命名为"南方古猿阿法种"。研究者还给了这具成年女性骨骼化石一个好听的名字——露西。

　　当时，"露西"的发现轰动了整个世界，因为它生活在约 330 万年前，是已知的最早的人类祖先之一。

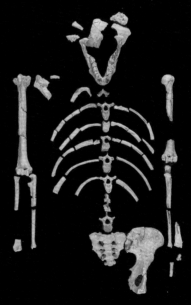

动动蛙笔记 ▶

盆骨和腿骨

　　露西的化石骨架包含了比较完整的头骨、肋骨、盆骨和腿骨，这是古人类考古中极为罕见的。虽然头骨显示，露西的脑容量大概只有现代人的 1/3，但它的盆骨和腿骨却和现代人极其相似，证明它可能已经会双足直立行走了。

非洲老祖宗

我们蛙类的最早祖先，不知道是在哪里诞生的？

自从发现"露西"以后，科学家又在非洲发现了更早的古猿化石，最早的大约在距今 700 万～600 万年前。而在其他大洲发现的古人类化石，从来没有在 200 万年以前的。这说明，从最早的人类和猿类的分化，到后来各个时期形成不同类型的古人类，非洲大陆都是人类起源和演化的中心。

14

古猿站起来

南方古猿刚刚从树上下到地面，就要面临不一样的环境。它们需要抬高身体，才能看得更远、更广；它们需要变得更加强壮，才能对付其他猛兽；它们需要跑得更快，才能捕到猎物，或者躲避危险……所有这些，都使得南方古猿渐渐摆脱了四肢着地的行动方式，开始习惯用双足直立行走。

露西化石遗骨发现地——埃塞俄比亚阿法尔山谷

越来越多的化石证明，古猿类和古人类在几百万年前就分道扬镳了。可是，应该怎样来确定这些古老的化石究竟哪些属于古猿，哪些又属于古人类呢？

经过长期的研究和分析，大多数学者认为：猿和人最根本的区别是，人能够长期用双足直立行走，而猿不能。这个差别可以从下肢的骨骼特征来分辨。

15

脚印中的信息

南方古猿的脚印化石显示，它的五个脚趾比较靠拢，和后来的直立人脚底受力方式更接近，而四足行走的猿类拇趾和其他四趾则是分开的。这说明，早期人类直立行走可能是从南方古猿开始的。

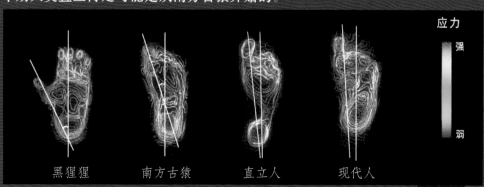

应力
强
弱

黑猩猩　　　南方古猿　　　直立人　　　现代人

壮大与工具

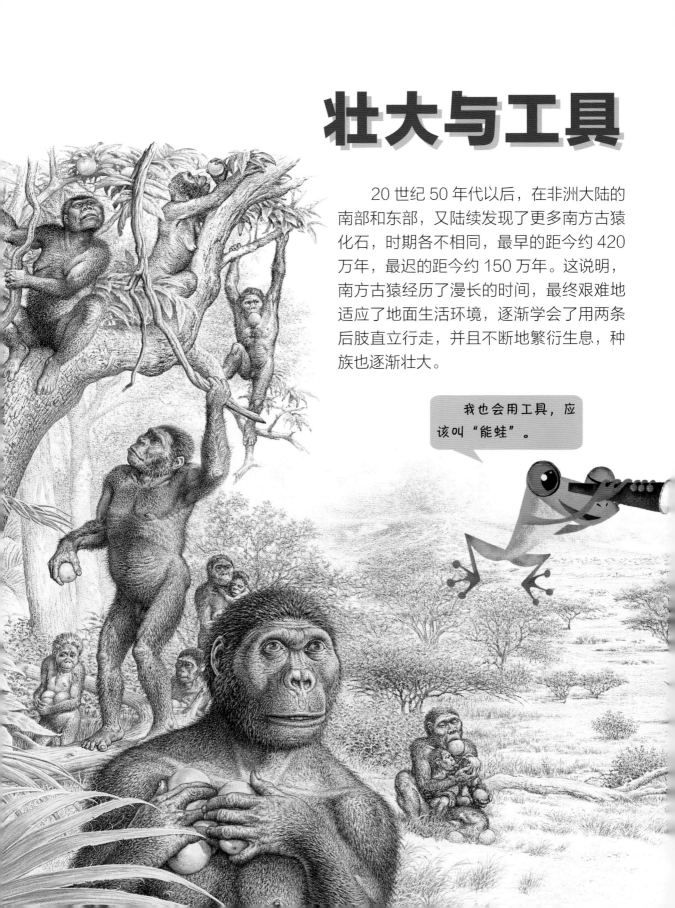

20 世纪 50 年代以后，在非洲大陆的南部和东部，又陆续发现了更多南方古猿化石，时期各不相同，最早的距今约 420 万年，最迟的距今约 150 万年。这说明，南方古猿经历了漫长的时间，最终艰难地适应了地面生活环境，逐渐学会了用两条后肢直立行走，并且不断地繁衍生息，种族也逐渐壮大。

我也会用工具，应该叫"能蛙"。

天然工具

南方古猿从自然中得到启发，学会了利用石块、树枝等天然物作为最初的捕猎工具。大石块可以滚落砸击大型猎物，小石块可以远距离投击小型猎物，粗树枝可以重击猛兽，细树枝可以驱赶猎物，还可以用来支撑、挑担、掘地……

工具的启蒙

渐渐地，一些"聪明"的古猿认识到了工具的威力，开始尝试打磨各种形状和用途的简单石器，如个体较大而重的砍砸器，个体较薄而尖的刮削器。它们既是投掷击杀的武器，也是切割食物的工具。人类由此进入到旧石器时代。

刮削器

砍砸器

看视频，长知识！

自然瞭望台

"能人"初现

工具的启蒙，使得古猿逐渐进化成"能人"。能人学会打制和使用工具，因此具备了更强大的生存能力，在与自然界其他物种的竞争中逐渐取得了优势地位。

能人巧手

能人的本来意思，就是"有技能、手更巧"的人。200多万年前的能人，已完全摆脱了树栖生活，并能自如地用两条后肢直立行走、奔跑。而且由于前肢得到了解放，他们渐渐进化出了灵巧的双手。

看视频，长知识！

人之手

在从猿到人的演化历程中，前肢成为手，这个变化实在是太重要了。在所有灵长类动物中，只有人类的前肢被称为"手"，较长的拇指可与其他四指形成有效的抓握动作；猴和猿类的前肢只能称为"足手"，起着足和手的双重作用，既用来行进，又用来抓取物体，但抓握能力远不如人手。

18

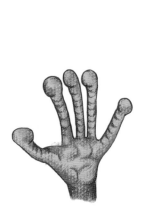

蜘蛛猴

黑猩猩

大猩猩

人

鼠类、兽类、猴类、黑猩猩、南方古猿、能人、现代人的口吻部。

你相信吗，手竟然能改变脸？

这是真的。所有灵长类动物的前肢都具有类似手的功能，这样就可以将食物送到嘴里去，而不是像其他绝大多数动物那样，要用嘴去凑近食物。这种行为上的根本差别，使得灵长类动物的口吻部大大缩短，眼睛则逐渐移到了面部的前方。

手的进化

19

随着远古人类的不断进化，手的进化也在不断持续。从制作一些简单工具，到后来制造更复杂的工具和用具，人类的双手逐渐掌握了越来越精细的动作。手的进化大大促进了人在自然环境中的生存适应，直至今天，手仍然是人类身上最灵巧多能的器官。

看看人类的一双手可以做什么吧。

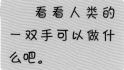

从手到脑

能人学会了制作和使用简单的工具，加快了手的进化，更重要的是大大促进了脑的发育。可以说，工具是自然环境、自然物与人类智慧碰撞的产物，它不仅使古人类获得了生存的法宝，而且因制作和使用需要手和脑的配合而刺激了大脑，使得人类的智慧在所有动物中脱颖而出。而脑的进化又反过来促进了人体各部分的进化和适应性，如使得手能够做更复杂的动作、制作更精细的工具。

能人之脑

生活在距今 300 多万年前的南方古猿，才刚刚适应了地面生活，还不会使用天然工具，它们的脑容量一般不到 500 毫升。而距今约 180 万年，生活在非洲东部的能人已经完全习惯直立行走，而且能够制造和使用工具，其脑容量已达到 775 毫升。

正是依据能人大脑的发育程度，以及与现代人相似的头骨和牙齿形态等，能人才被认为是人类的直接祖先。

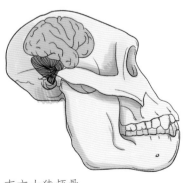

南方古猿颅骨

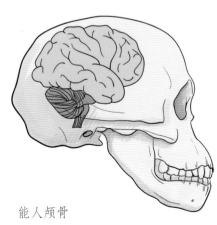

能人颅骨

脑容量

脑容量是大脑进化程度最重要的标志之一，大脑的容量及其形态、结构等，在一定程度上反映了生物的智慧程度。

如果比较一下现代人与人类祖先及其他灵长类动物的脑容量，看看哪一个大脑更为发达，生物智慧程度的答案就显而易见了。

猜一猜，以下六幅图分别是谁的脑颅模拟图？

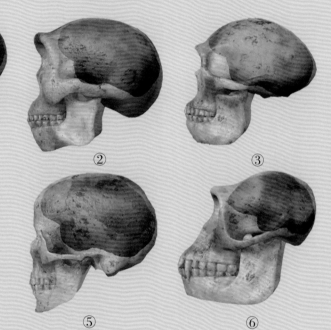

① ② ③

④ ⑤ ⑥

那么他们的脑容量到底有多少呢？视频里有答案哦。

看看我有多聪明，让我也去测测脑容量吧！

名称	脑颅模拟图序号	脑容量	从大到小排名
猕猴			
黑猩猩			
南方古猿			
能人			
北京直立人			
现代人			

匠人与直立人

距今大约 190 万年，一部分非洲能人演化成了匠人。顾名思义，匠人会制作更多的工具，如同今天所说的"工匠"。考古发现，匠人已经能制造两面打磨的石斧、石镐和石刀等捕猎和切割工具，这也说明他们具备了更强的捕猎能力。而且，匠人可能已经开始用火，甚至有了最早的语言交流。

直立人时代

匠人在人类历史上前后只存在了约 50 万年。他们从能人中分离出来不久，就有了一个新名字——直立人。原始人类从此开始了大发展的时代。

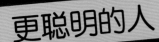
更聪明的人

直立人的脑容量，已普遍达到 800 ~ 1000 毫升，最高可达 1200 多毫升，大大超过了能人的水平。这说明他们比能人更聪明。

除此之外，直立人已经完全采用直立行走的方式，他们的身体比例、身高、体重已和现代人类相接近，而与能人明显不同。直立人嘴里后部的牙齿变小，说明他们变得更多地食用肉类，平整、量多的小牙齿更适合进行咀嚼研磨。

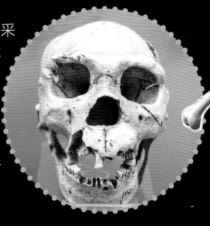

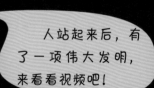

人站起来后，有了一项伟大发明，来看看视频吧！

自然瞭望台　冰与火

从距今 200 多万年开始，地球环境进入又一次大冰期时代。地球表面气温大幅度降低，许多地方形成了大规模冰川。

巧合的是，大冰期和直立人时代几乎完全重叠。面对寒冷来袭，直立人从只会借用雷电等自然产生的火，到能够有意识地保留火种、控制用火，为驱寒取暖提供了重要保证。当然，火不仅能御寒，还能驱赶猛兽、烧熟食物，直立人的生存技能由此获得了重大的进步。

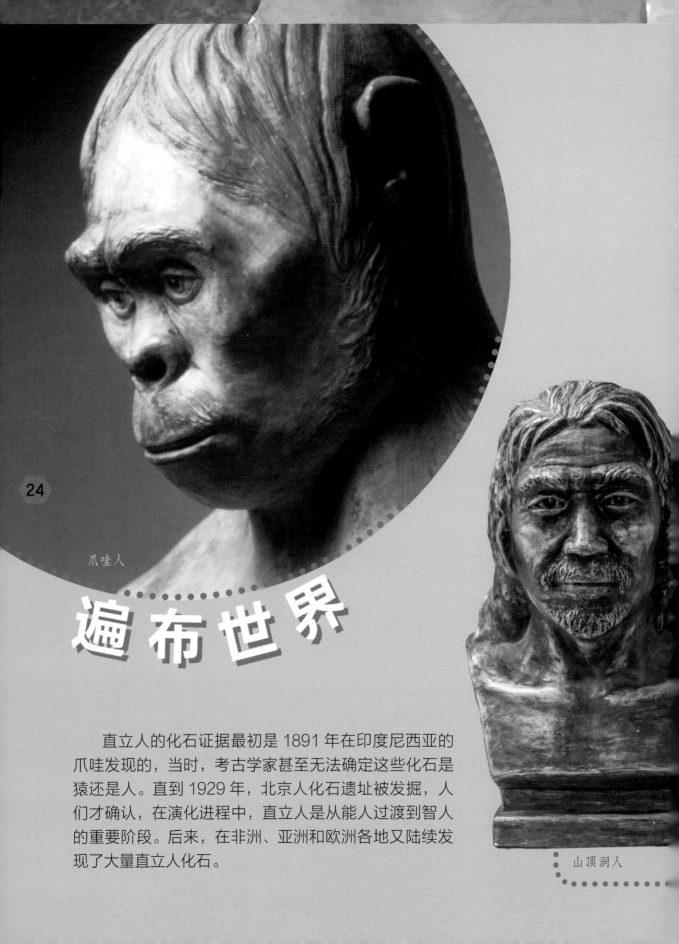

爪哇人

遍布世界

山顶洞人

　　直立人的化石证据最初是 1891 年在印度尼西亚的爪哇发现的，当时，考古学家甚至无法确定这些化石是猿还是人。直到 1929 年，北京人化石遗址被发掘，人们才确认，在演化进程中，直立人是从能人过渡到智人的重要阶段。后来，在非洲、亚洲和欧洲各地又陆续发现了大量直立人化石。

周口店奇迹

1929 年，考古学家在北京周口店龙骨山上的一个山洞里，发掘出一个完整的古人类头盖骨化石。根据研究结果，它被归为直立人，被称为"北京人"。随后，此山上又陆续发现了更多骨骼化石，时间跨度约为距今 70 万 ~ 20 万年。

周口店遗址的发现轰动了世界，因为它是出土古人类化石最丰富的遗迹，北京人也成为东亚直立人的典型代表。

火后灰烬

周口店遗址中发现了大量制作或使用过的石器，烧火后留下的灰烬和烧过的动物骨骼。这些都证明，北京人已经开始在山洞中穴居，能使用原始工具狩猎，并且掌握了用火烧熟食物的方法。

山顶洞人

周口店的故事其实还没完。

后来岩洞里又发现了新的古人类骨骼化石，距今约 3 万年，这个古人类被称为"山顶洞人"。

山顶洞人属于晚期智人，面部比较扁平，门牙呈铲形，脑容量、身高已和现代人几乎一样。那里还发现了用动物骨骼磨制的骨针，穿孔的动物牙齿、贝壳等，及鱼类的骨骼化石。这说明，山顶洞人已开始缝制兽皮遮体，以捕鱼为食。

走出非洲

人类最早的祖先在非洲产生后，又经历了漫长过程，从南方古猿演化出能人，能人又演化成最初的直立人。那么，其他大洲的古人类又是从哪里来的呢？

据分析，约在 180 万年前，由于环境变化，种族扩大，使得食物匮乏，非洲的直立人不得不走出非洲，探寻更适宜居住的生存之地。他们分成几路，向北或向东进发，到了现在的欧洲、中东、东亚等地区，并在那里生存下来继续演化。

由于当时海平面比较低，有些非洲直立人进入亚洲后，向南越过了海峡，到达仍与大陆相连的印度尼西亚，最终演化成爪哇人。

26

看视频，了解人类起源。

德马尼西人发现于格鲁吉亚的德马西亚，约生活于 170 万年前，是已知的非洲以外的最早直立人。

海德堡人最初发现于德国的海德堡，是距今约 50 万～ 40 万年前生活在欧洲的直立人，是尼安德特人的直接祖先。

非洲

北京人发现于中国北京周口店，生活于距今约 70 万～20 万年前，化石遗迹极为丰富。

元谋人发现于中国云南元谋，生活于距今约 170 万～50 万年前，可能是中国最早的直立人。

天啊，这么远的路！让我去的话，要跳十万八千下啦！

爪哇人发现于印度尼西亚的爪哇，生活于距今约 70 万～50 万年前，是最早发现的直立人化石。

智人诞生

分布在非洲、欧洲和亚洲的直立人在长达 100 多万年的时间里，发生着不同的演化。在非洲，直立人在 20 多万年前演化成早期智人，这些智人在后来的不同时期进入到欧洲、亚洲，取代了原来在那里的直立人。

智人是比直立人更为进步的人种，也是唯一延续至今成为现代人的人种。

28

这样说来，现代人其实就是晚期智人啦。

消失的尼安德特人

距今约 20 万 ~ 3 万年，欧洲许多地方都曾经生活着尼安德特人。可是，到了约 3 万年前，这些人在很短时间内就全消失了。这是怎么回事呢？

考古学家认为，尼安德特人的消失和当时严寒气候有关。但是，欧洲大陆并非没有古人类生存，那是一些很不一样的晚期智人——克罗马农人。

克罗马农人复原像

再次走出非洲

晚期智人最初也是在非洲形成的。他们的大脑更发达，工具更先进，适应环境的能力也更强。约10万年前，非洲智人陆续开始第二次走出非洲，向世界各地扩散。他们沿着祖先的足迹前行，再次到达了欧洲和亚洲等地。

原来生活在这些地区的古人类刚刚经历了严酷的冰期，各方面都无法与非洲来的更"聪明"的人类对抗，最终纷纷消亡，尼安德特人的命运可能就是如此。因此，非洲智人大概率取代了当地人，并继续着演化之路。

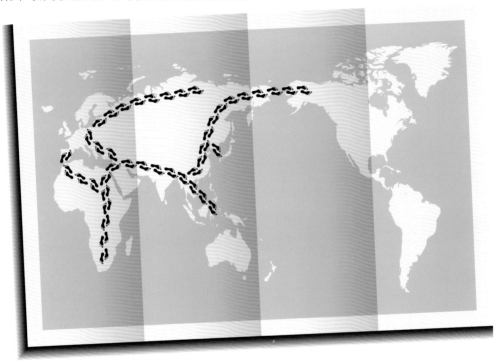

动动蛙笔记 ▶

不一样的声音

也有观点认为，有些地方原来的古人类并没有完全被非洲智人所取代，比如中国的一些晚期智人，就保留了很多中国直立人和早期智人的特征。也许非洲智人在几万年前来到东亚地区后，就和这些本地的古人类共同生存了许多年。

向东，再向南！

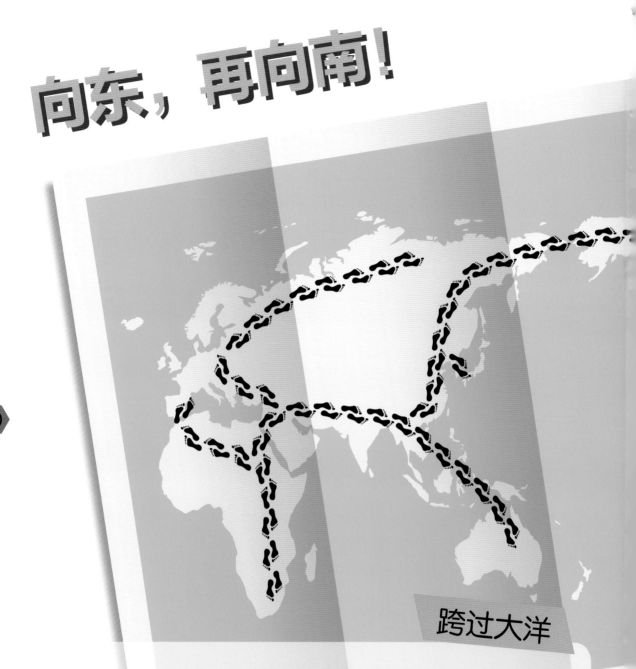

跨过大洋

　　那么，大洋中的澳大利亚大陆及周围岛屿上的古人类又是从哪里来的呢？

　　根据研究，4万多年前，从非洲出发的智人在到达亚洲南部后，又跨越了海水较浅的陆床，到达了那里，就像他们的祖先在100多万年前首次走出非洲，来到爪哇一样。也有可能，一些非洲智人已能制造远航的原始船只，经过一次次尝试，最终登陆了澳大利亚大陆。

　　于是，除了南极洲，人类的足迹终于遍布了地球的各个大陆！

匠人

匠人生活在距今约 180 万 ~ 130 万年的非洲，很可能是从能人演化而来，他们前期和能人共存。匠人的工具比能人更加丰富和精细，以石斧、石刀等著称。

尼安德特人

尼安德特人又称为"尼人"，距今约 20 万 ~ 3 万年，化石首次发现于德国的尼安德特山谷，后又在欧洲、亚洲西部和非洲各地大量发现，是早期智人的代表。

北京人

北京人生活在距今约 70 万 ~ 20 万年前，发现于北京周口店龙骨山，化石遗迹极为丰富，除骨骼化石外，还包括用火的大量证据，是东亚直立人的代表。

山顶洞人

山顶洞人属于晚期智人，距今 3 万 ~ 1 万年，化石发现于北京周口店龙骨山的山顶洞穴中。山顶洞人已能制作较精致的工具和饰品，并会缝制兽皮；他们的捕猎范围已扩大到水域，有大量鱼骨为证。

到达美洲

来自非洲的晚期智人，已经征服了整个欧亚大陆。不过，他们并没有停下探寻未知的步伐。其中的一些勇敢者继续向东进发，最终在1万多年前跨过了白令陆桥，来到了北美大陆。更有一些族群继续沿着冰川边缘的海岸向南迁移，最终到达了南美洲。

最后1.5秒

从5亿多年前寒武纪生命大爆发开始到现在，如果把这段漫长的生命演化历史浓缩到一天24小时中，那么人类的祖先——南方古猿，大约出现在23时50分。而现代人类生存发展的时间，如果以1万年来计算，只是最后的大约1.5秒钟！

从猿到人

化石证据表明，人是从猿进化而来的。在几百万年漫长的进化之路上，人类与猿类分化了，随后又经历了南方古猿、能人、直立人、智人四个主要的阶段，并在不同地区演化成不同的原始人类，最终从智人演化成现代人。

南方古猿

南方古猿是最早具有直立行走特征的灵长目人科动物，生活在距今 450 万 ~ 150 万年的非洲。大多数南方古猿最终灭绝，其中一支演化为后来的能人。

能人

最初在约 200 万年前的东非地区出现，是迄今发现最早的人科人属成员，也被认为是现代人类的直接祖先。能人已学会使用和打制简单石器，脑容量明显高于南方古猿。